"酉阳桃花源国家森林公园生物多样性研学基地"指导用书
"桃花源生物多样性探索与实践调查"校本课程指导用书
"绿水青山研学社"学生社团指导用书

桃花源国家森林公园
常见植物图谱

李镇江　黄国忠　编著

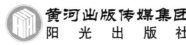
黄河出版传媒集团
阳光出版社

图书在版编目（CIP）数据

桃花源国家森林公园常见植物图谱 / 李镇江, 黄国
忠编著. -- 银川 : 阳光出版社, 2022.2
ISBN 978-7-5525-6234-7

Ⅰ.①桃… Ⅱ.①李… ②黄… Ⅲ.①自然保护区 –
野生植物 – 酉阳土家族苗族自治县 – 图集 Ⅳ.
①Q948.527.194-64

中国版本图书馆CIP数据核字(2022)第025597号

桃花源国家森林公园常见植物图谱   李镇江　黄国忠　编著

责任编辑　马　晖
封面设计　语汇文化
责任印制　岳建宁

 黄河出版传媒集团
阳 光 出 版 社 出版发行

出 版 人　薛文斌
地　　址　宁夏银川市北京东路139号出版大厦（750001）
网　　址　http://www.ygchbs.com
网上书店　http://shop129132959.taobao.com
电子信箱　yangguangchubanshe@163.com
邮购电话　0951-5014139
经　　销　全国新华书店
印刷装订　成都现代印务有限公司
印刷委托书号　（宁）0022991

开　　本　787 mm × 1092 mm　1/16
印　　张　11
字　　数　200千字
版　　次　2022年2月第1版
印　　次　2022年2月第1次印刷
书　　号　ISBN 978-7-5525-6234-7
定　　价　99.00元

《桃花源国家森林公园常见植物图谱》
编委会

主　编：李镇江　黄国忠

副主编：陈小东　刘建军

编　委：杨　玲　唐　芳　祁　倩　吴文珏

　　　　舟　娅　黄国华

前言 PREFACE

桃花源国家森林公园位于重庆市酉阳土家族苗族自治县桃花源镇，紧邻渝湘高速公路桃花源下道口，是桃花源国家AAAAA级旅游景区的重要组成部分，总面积2734 hm²，分东、中、西3个部分5个景区，森林覆盖率80.4%。在森林面积中，风景林1870.2 hm²，经济林19.2 hm²。公园保存着重庆已发现保护最为完好的红椿天然原生种群。有大西洞、二西洞、莲花奇洞、秀才看榜、玉柱峰、桃花溪等自然人文景点。园内地理、水文、生物资源也极其丰富，空气质量、地表水质量、土壤质量均达到了国家一级标准，负氧离子含量高，堪称"植物王国、天然氧吧"。桃花源国家森林公园山势雄伟，层峦叠嶂，动植物资源极其丰富，有水杉、南方红豆杉、银杏、珙桐4种国家一级保护植物，天麻、鹅掌楸等11种国家二级保护植物，以及国家一级保护动物林麝和大灵猫等9种国家二级保护动物。2018年10月酉阳被授予全国首个"中国气候旅游县"。

本书主编李镇江和黄国忠分别作为重庆普查专家组成员，带领普查队员多次对桃花源国家森林公园植物资源展开系统的普查，借普查之成果，对桃花源国家森林公园植物资源进行统计和整理，进一步明确桃花源国家森林公园植物资源种类。普查队员通过3年多的调查，对桃花源国家森林公园部分植物进行初步的统计，酉阳桃花源森林公园生物多样性研学基地的植物多样性图鉴主要统计了桃花源国家森林公园植物种类，记录在册的野生植物类别310种。本书录入224种常见植物配以彩图以供学生及相关研究人员参考。本书以彩色图片为主，较全面、准确、客观地阐述了桃花源国家森林公园植物的名称、形态特征、植物信息等。每种植物均有生态图片，可使读者了解植物的形态特征及生长状态，掌握植物的基本常识。此外，根据《中国植物志》（科学出版社2004年版）以及野外实践经验，本书总结了植物速认方法，有利于植物爱好者对植物的鉴别。

森林公园植被丰富，物种多样，一直未有比较详细的植物及动物多样性的一个调查数据，本书弥补了这方面的空白。本书是编委长期的野外实践调查活动所等到的研究成果，植物分类鉴定参考了《重庆缙云山植物志》（西南师范大学出版社2005年版）《中国高等植物图鉴》（科学出版社1994年版）《中国植物志》（科学出版社2004年版）。本书作为桃花源国家森林公园图谱第一版，后续将不断更新，不断完善内容。由于作者水平有限，不免有疏漏之处，谨望广大读者提出宝贵意见。希望本书的出版，能够普及植物科学知识，使更多的人认识、了解植物，以更合理地开发利用植物资源。

目录CONTENTS

被子植物门双子叶 BEI ZI ZHI WU MEN SHUANG ZI YE　001

被子植物门单子叶 BEI ZI ZHI WU MEN DAN ZI YE　127

裸子植物门 LUO ZI ZHI WU MEN　145

蕨类植物门 JUE LEI ZHI WU MEN　149

附录 FU LU　153

被子植物门 双子叶

BEI ZI ZHI WU MEN SHUANG ZI YE

桃花源国家森林公园常见植物图谱
Photo gallery of common plants in Taohuayuan National Forest Park

八角枫科 Alangiaceae

八角枫属 *Alangium*

八角枫 *Alangium chinense* (Lour.) Harms

败酱科 Valerianaceae

缬草属 *Valeriana*

缬草 *Valeriana officinalis* L.

报春花科 Primulaceae

珍珠菜属 *Lysimachia*
虎尾草 *Lysimachia barystachys* Bunge

珍珠菜属 *Lysimachia*
临时救 *Lysimachia congestiflora* Hemsl.

珍珠菜属 *Lysimachia*
落地梅 *Lysimachia paridiformis* Franch.

酢浆草科 Oxalidaceae

酢浆草属 *Oxalis*
红花酢浆草 *Oxalis corymbosa* DC.

酢浆草属 *Oxalis*
黄花酢浆草 *Oxalis pes-caprae* Linn.

酢浆草属 *Oxalis*
酢浆草 *Oxalis corniculata* L.

车前科 Plantaginaceae

车前属 *Plantago*

车前 *Plantago asiatica* L.

车前属 *Plantago*

大车前 *Plantago major* L.

川续断科 Dipsacaceae

川续断属 *Dipsacus*

川续断 *Dipsacus asperoides* C.Y.Cheng et T.M.

唇形科 Lamiaceae

地笋属 *Lycopus*

地笋 *Lycopus lucidus* Turcz.

风轮菜属 *Clinopodium*

细风轮菜 *Clinopodium gracile* (Benth.) Matsum.

活血丹属 *Glechoma*

活血丹 *Glechoma longituba* (Nakai) Kupr.

鼠尾草属 *Salvia*

一串红 *Salvia splendens* Ker-Gawler

鼠尾草属 *Salvia*

朱唇 *Salvia coccinea* L.

夏枯草属 *Prunella*

夏枯草 *Prunella vulgaris* L.

香薷属 *Elsholtzia*
香薷 *Elsholtzia ciliata* (Thunb.) Hyland.

紫苏属 *Perilla*
紫苏 *Perilla frutescens* (L.) Britt.

大戟科 Euphorbiaceae

大戟属 *Euphorbia*

斑地锦 *Euphorbia maculata* L.

算盘子属 *Glochidion*

毛果算盘子 *Glochidion eriocarpum* Champ. ex Benth.

乌桕属 *Sapium*
乌桕 *Sapium sebiferum* (L.) Roxb.

蓖麻属 *Ricinus*
蓖麻 *Ricinus communis* L.

油桐属 *Vernicia Lour.*
油桐 *Vernicia fordii* (Hemsl.) Airy Shaw

灯心草科 Juncaceae

灯心草属 *Juncus*

灯心草 *Juncus effusus* L.

豆科 Leguminosae

草木犀属 *Melilotus*

草木犀 *Melilotus officinalis* (L.) Pall.

车轴草属 *Trifolium*

白车轴草 *Trifolium repens* L.

车轴草属 *Trifolium*

杂种车轴草 *Trifolium hybridum* L.

刺槐属 *Robinia*

刺槐 *Robinia pseudoacacia* L.

合欢属 *Albizia*

合欢 *Albizia julibrissin* Durazz.

槐属 *Styphnolobium*

龙爪槐 *Styphnolobium japonicam* Pendula

黄耆属 *Astragalus*

紫云英 *Astragalus sinicus* L.

鸡眼草属 *Kummerowia*

鸡眼草 *Kummerowia striata* (Thunb.) Schindl.

决明属 *Cassia*
双荚决明 *Cassia bicapsularis* Linn.

黧豆属 *Mucuna*
常春油麻藤 *Mucuna sempervirens* Hemsl.

木蓝属 Indigofera

花木蓝 Indigofera kirilowii Maxim. ex Palibin

苜蓿属 Medicago

小苜蓿 Medicago minima (L.) Grufb.

山蚂蝗属 *Desmodium*

云南山蚂蝗 *Desmodium yunnanense* Franch.

羊蹄甲属 *Bauhinia*

鞍叶羊蹄甲 *Bauhinia brachycarpa* Wal. ex Benth.

野豌豆属 *Vicia*

野豌豆 *Vicia sepium* L.

云实属 *Caesalpinia*

云实 *Caesalpinia decapetala* (Roth) Alston

紫荆属 *Cercis*

紫荆 *Cercis chinensis* Bunge

紫藤属 *Wisteria*

紫藤 *Wisteria sinensis* (Sims) Sweet

杜鹃花科 Ericaceae

杜鹃属 *Rhododendron*

锦绣杜鹃 *Rhododendron pulchrum* Sweet

凤仙花科 Balsaminaceae

凤仙花属 *Impatiens*

凤仙花 *Impatiens balsamina* L.

海桐科 Pittosporaceae

海桐花属 Pittosporum

海桐 Pittosporum tobira (Thunb.) Ait.

胡桃科 Juglandaceae

胡桃属 *Juglans*

胡桃 *Juglans regia* L.

化香树属 *Platycarya*

化香树 *Platycarya strobilacea* Sieb. et Zucc.

枫杨属 *Pterocarya*

枫杨 *Pterocarya stenoptera* C. DC.

胡颓子科 Elaeagnaceae

胡颓子属 *Elaeagnus*
宜昌胡颓子 *Elaeagnus henryi* Warb. apud Diels

金鱼藻科 Ceratophyllaceae

金鱼藻属 *Ceratophyllum*
金鱼藻 *Ceratophyllum demersum* L.

虎耳草科 Saxifragaceae

绣球属 *Hydrangea*

绣球 *Hydrangea macrophylla* (Thunb.) Ser.

虎耳草属 *Saxifraga*

虎耳草 *Saxifraga stolonifera* Curt.

金缕梅科 Hamamelidaceae

枫香树属 *Liquidambar*

枫香树 *Liquidambar formosana* Hance

蚊母树属 *Distylium*

蚊母树 *Distylium racemosum* Sieb. et Zucc.

檵木属 *Loropetalum*

红花檵木 *Loropetalum chinense* var. *rubrum* Yieh

虎皮楠科 Daphniphyllaceae

虎皮楠属 *Daphniphyllum*
交让木 *Daphniphyllum macropodum* Miq.

堇菜科 Violaceae

堇菜属 Viola
如意草 Viola hamiltoniana D. Don, Prodr.

堇菜属 Viola
七星莲 Viola diffusa Ging.

董菜属 *Viola*

三色堇 *Viola tricolor* L.

董菜属 *Viola*

紫花地丁 *Viola philippica* Cav.

锦葵科 Malvaceae

木槿属 *Hibiscus*

木槿 *Hibiscus syriacus* L.

木槿属 *Hibiscus*

木芙蓉 *Hibiscus mutabilis* L.

秋葵属 *Abelmoschus*

黄蜀葵 *Abelmoschus manihot* (Linn.) Medicus

旌节花科 Stachyuraceae

旌节花属 *Stachyurus*

中国旌节花 *Stachyurus chinensis* Franch.

景天科 Crassulaceae

景天属 *Sedum*

凹叶景天 *Sedum emarginatum* Migo

景天属 *Sedum*

垂盆草 *Sedum sarmentosum* Bunge

桔梗科 Campanulaceae

沙参属 Adenophora

沙参 Adenophora stricta Miq.

铜锤玉带属 Pratia

铜锤玉带草 Pratia nummularia (Lam.) A. Br. et Aschers.

菊科 Compositae

苍耳属 *Xanthium*

苍耳 *Xanthium strumarium* L.

飞蓬属 *Erigeron*

一年蓬 *Erigeron annuus* (L.) Pers.

蜂斗菜属 *Petasites*

蜂斗菜 *Petasites japonicus* (Sieb. et Zucc.) Maxim.

鬼针草属 *Bidens*

鬼针草 *Bidens pilosa* L.

蒿属 Artemisia

艾 *Artemisia argyi* Lévl. et Van.

蒿属 *Artemisia*

黄花蒿 *Artemisia annua* L.

紫菀属 Aster

三脉紫菀 Aster trinervius subsp. ageratoides

黄鹌菜属 Youngia

黄鹌菜 Youngia japonica (L.) DC.

蓟属 *Cirsium*

蓟 *Cirsium japonicum* Fisch. ex DC.

金盏花属 *Calendula*

金盏花 *Calendula officinalis* L.

菊属 *Dendranthema*

菊花 *Dendranthema morifolium* (Ramat.) Tzvel.

菊属 *Dendranthema*

野菊 *Dendranthema indicum* (L.) Des Moul.

苦苣菜属 *Sonchus*

花叶滇苦菜 *Sonchus asper* (L.) Hill.

马兰属 *Kalimeris*

马兰 *Kalimeris indica* (L.) Sch.-Bip.

木茼蒿属 *Argyranthemum*

木茼蒿 *Argyranthemum frutescens* (L.) Sch.–Bip

牛蒡属 *Arctium*

牛蒡 *Arctium lappa* L.

牛膝菊属 *Galinsoga*

牛膝菊 *Galinsoga parviflora* Cav.

蒲儿根属 *Sinosenecio*

蒲儿根 *Sinosenecio oldhamianus* (Maxim.) B. Nord.

蒲公英属 *Taraxacum*

蒲公英 *Taraxacum mongolicum* Hand.-Mazz.

千里光属 *Senecio*

千里光 *Senecio scandens* Buch.-Ham. ex D. Don

秋英属 *Cosmos*
秋英 *Cosmos bipinnata* Cav.

蓍属 *Achillea*
蓍 *Achillea millefolium* L.

鼠麹草属 Gnaphalium
鼠麹草 Gnaphalium affine D. Don

天名精属 Carpesium
天名精 Carpesium abrotanoides L.

天人菊属 Gaillardia

天人菊 Gaillardia pulchella Foug.

茼蒿属 Glebionis

南茼蒿 Glebionis segetum L.

向日葵属 *Helianthus*
菊芋 *Helianthus tuberosus* L.

粘冠草属 *Myriactis*

圆舌粘冠草 *Myriactis nepalensis* Less.

兔儿风属 *Ainsliaea*

云南兔儿风 *Ainsliaea yunnanensis* Franch.

壳斗科 Fagaceae

栗属 *Castanea*

锥栗 *Castanea henryi* (Skan) Rehd. et Wils.

栎属 *Quercus*

白栎 *Quercus fabri* Hance

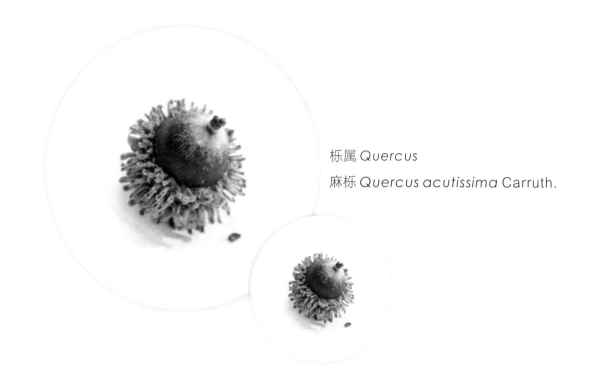

栎属 *Quercus*

麻栎 *Quercus acutissima* Carruth.

栗属 *Castanea*

栗 *Castanea mollissima* Bl.

爵床科 Acanthaceae

爵床属 *Rostellularia*

爵床 *Rostellularia procumbens* (L.) Nees

蜡梅科 Calycanthaceae

蜡梅属 *Chimonanthus*

蜡梅 *Chimonanthus praecox* (Linn.) Link

蓝果树科 Nyssaceae

喜树属 *Camptotheca*

喜树 *Camptotheca acuminata* Decne.

楝科 **Meliaceae**

香椿属 *Toona*

香椿 *Toona sinensis* (A. Juss.) Roem.

鹿蹄草科 **Pyrolaceae**

鹿蹄草属 *Pyrola*

鹿蹄草 *Pyrola calliantha* H. Andr.

水晶兰属 *Monotropa*

水晶兰 *Monotropa uniflora* Linn.

蓼科 Polygonaceae

何首乌属 *Fallopia*

光叶牛皮消蓼 *Fallopia cynanchoides* (Hemsl.) Harald. var. *glabriuscula* (A. J. Li) A. J. Li

虎杖属 *Reynoutria*

虎杖 *Reynoutria japonica* Houtt.

蓼属 *Polygonum*

丛枝蓼 *Polygonum posumbu* Buch.-Ham. ex D. Don

蓼属 *Polygonum*

杠板归 *Polygonum perfoliatum* L.

蓼属 *Polygonum*

尼泊尔蓼 *Polygonum nepalense* Meisn.

荞麦属 *Fagopyrum*

荞麦 *Fagopyrum esculentum* Moench

酸模属 *Rumex*

羊蹄 *Rumex japonicus* Houtt.

落葵科 Basellaceae

落葵薯属 *Anredera*

落葵薯 *Anredera cordifolia* (Tenore) Steenis

柳叶菜科 Onagraceae

柳叶菜属 *Epilobium*

柳叶菜 *Epilobium hirsutum* L.

龙胆科 Gentianaceae

獐牙菜属 *Swertia*

獐牙菜 *Swertia bimaculata* (Sieb. et Zucc.) Hook. f. et Thoms. ex C. B. Clark

龙胆属 *Gentiana*

四川龙胆 *Gentiana sutchuenensis* Franch. ex Hemsl.

马鞭草科 Verbenaceae

大青属 Clerodendrum

臭牡丹 Clerodendrum bungei Steud.

紫珠属 Callicarpa

紫珠 Callicarpa bodinieri Levl.

马鞭草属 Verbena

马鞭草 Verbena officinalis L.

醉鱼草科 Buddlejaceae

醉鱼草属 *Buddleja*

密蒙花 *Buddleja officinalis* Maxim.

马桑科 Coriariaceae

马桑属 *Coriaria*

马桑 *Coriaria nepalensis* Wall.

牻牛儿苗科 Geraniaceae

老鹳草属 *Geranium*

尼泊尔老鹳草 *Geranium nepalense* Sweet

天竺葵属 *Pelargonium*

天竺葵 *Pelargonium hortorum* Bailey

毛茛科 Ranunculaceae

翠雀属 *Delphinium*

还亮草 *Delphinium anthriscifolium* Hance

毛茛属 *Ranunculus*

毛茛 *Ranunculus japonicus* Thunb.

银莲花属 *Anemone*

打破碗花花 *Anemone hupehensis* Lem.

唐松草属 *Thalictrum*

西南唐松草 *Thalictrum fargesii* Franch. ex Finet & Gagn.

天葵属 *Semiaquilegia*

天葵 *Semiaquilegia adoxoides* (DC.) Makino

铁线莲属 *Clematis*

小木通 *Clematis armandii* Franch.

芍药科 Paeoniaceae

芍药属 *Paeonia*

牡丹 *Paeonia suffruticosa* Andr.

猕猴桃科 Actinidiaceae

猕猴桃属 Actinidia

中华猕猴桃 Actinidia chinensis Planch.

猕猴桃属 Actinidia

硬齿猕猴桃 Actinidia callosa Lindl.

木兰科 Magnoliaceae

木兰属 *Magnolia*

厚朴 *Magnolia officinalis* Rehd. et Wils.

木兰属 *Magnolia*

紫玉兰 *Magnolia liliflora* Desr.

八角属 *Illicium*

红毒茴 *Illicium lanceolatum* A. C. Smith

鹅掌楸属 *Liriodendron*

鹅掌楸 *Liriodendron chinense* (Hemsl.) Sargent.

木通科 Lardizabalaceae

木通属 *Akebia*

三叶木通 *Akebia trifoliata* (Thunb.) Koidz.

木犀科 Oleaceae

木犀属 *Osmanthus*

木犀 *Osmanthus fragrans* (Thunb.) Lour.

素馨属 *Jasminum*
迎春花 *Jasminum nudiflorum* Lindl.

女贞属 *Ligustrum*
小叶女贞 *Ligustrum quihoui* Carr.

葡萄科 Vitaceae

地锦属 *Parthenocissus*
五叶地锦 *Parthenocissus quinquefolia* (L.) Planch.

蛇葡萄属 *Ampelopsis*

蓝果蛇葡萄 *Ampelopsis bodinieri* (H. Lév. & Vaniot) Rehder

乌蔹莓属 *Cayratia*

乌蔹莓 *Cayratia japonica* (Thunb.) Gagnep.

漆树科 Anacardiaceae

盐肤木属 *Rhus*

盐肤木 *Rhus chinensis* Mill.

槭树科 Aceraceae

槭属 *Acer*

鸡爪槭 *Acer palmatum* Thunb.

千屈菜科 Lythraceae

紫薇属 *Lagerstroemia*

紫薇 *Lagerstroemia indica* L.

睡莲科 Nymphaeaceae

莲属 *Nelumbo*

莲 *Nelumbo nucifera* Gaertn.

茜草科 Rubiaceae

拉拉藤属 *Galium*

猪殃殃 *Galium aparine* Linn.var *tenerum* (Gren. et Godr.) Rchb.

茜草属 *Rubia*

柄花茜草 *Rubia podantha* Diels

栀子属 *Gardenia*

栀子 *Gardenia jasminoides* Ellis

拉拉藤属 *Galium*

四叶葎 *Galium bungei* Steud.

蔷薇科 Rosaceae

棣棠花属 Kerria

重瓣棣棠花 Kerria japonica (L.) DC. f. pleniflora (Witte) Rehd

火棘属 Pyracantha

火棘 Pyracantha fortuneana (Maxim.) Li

李属 *Prunus*
李 *Prunus salicina* Lindl.

李属 *Prunus*
紫叶李 *Prunus cerasifera* Ehrhar f. *astropurpurea* (Jacq.) Rehd.

龙芽草属 *Agrimonia*

龙芽草 *Agrimonia pilosa* Ldb.

枇杷属 *Eriobotrya*

枇杷 *Eriobotrya japonica* (Thunb.) Lindl.

苹果属 *Malus*

垂丝海棠 *Malus halliana* Koehne

蔷薇属 *Rosa*

金樱子 *Rosa laevigata* Michx.

蔷薇属 *Rosa*
缫丝花 *Rosa roxburghii* Tratt.

蔷薇属 *Rosa*
绣球蔷薇 *Rosa glomerata* Rehd. et Wils.

蔷薇属 *Rosa*

月季花 *Rosa chinensis* Jacq.

蛇莓属 *Duchesnea*

蛇莓 *Duchesnea indica* (Andr.) Focke

石楠属 *Photinia*

石楠 *Photinia serratifolia*

桃属 *Amygdalus*

桃 *Amygdalus persica* L.

委陵菜属 *Potentilla*
蛇含委陵菜 *Potentilla kleiniana* Wight et Arn.

绣线菊属 *Spiraea*
麻叶绣线菊 *Spiraea cantoniensis* Lour.

悬钩子属 *Rubus*

插田泡 *Rubus coreanus* Miq.

悬钩子属 *Rubus*

山莓 *Rubus corchorifolius* L. f.

枸子属 Cotoneaster

西南枸子 Cotoneaster franchetii Bois

李属 Prunus

日本晚樱 Prunus serrulata var. lannesiana (Carri.)Makino

樱属 *Cerasus*

山樱花 *Cerasus serrulata* (Lindl.) G. Don ex London

草莓属 *Fragaria*

黄毛草莓 *Fragaria nilgerrensis* Schlecht. ex Gay

荨麻科 Urticaceae

糯米团属 *Gonostegia*

糯米团 *Gonostegia hirta* (Bl.) Miq.

水麻属 *Debregeasia*

水麻 *Debregeasia orientalis* C. J. Chen

荨麻属 *Urtica*

荨麻 *Urtica fissa* E. Pritz.

苎麻属 *Boehmeria*

赤麻 *Boehmeria silvestrii* (Pamp.) W. T. Wang

苎麻属 *Boehmeria*

苎麻 *Boehmeria nivea* (L.) Gaudich.

花点草属 *Nanocnide*

毛花点草 *Nanocnide lobute* Wedd.

茄科 Solanaceae

茄属 *Solanum*

喀西茄 *Solanum khasianum* C. B. Clarke

茄属 *Solanum*

龙葵 *Solanum nigrum* L.

烟草属 Nicotiana
烟草 Nicotiana tabacum L.

茄属 Solanum
白英 Solanum lyratum Thunb.

忍冬科 Caprifoliaceae

荚蒾属 *Viburnum*

皱叶荚蒾 *Viburnum rhytidophyllum* Hemsl.

锦带花属 *Weigela*

锦带花 *Weigela florida* (Bunge) A. DC.

忍冬属 *Lonicera*

忍冬 *Lonicera japonica* Thunb.

荚蒾属 *Viburnum*

荚蒾 *Viburnum dilatatum* Thunb.

伞形科 Umbelliferae

鸭儿芹属 *Cryptotaenia*

鸭儿芹 *Cryptotaenia japonica* Hassk.

天胡荽属 *Hydrocotyle*

天胡荽 *Hydrocotyle sibthorpioides* Lam.

水芹属 Oenanthe

水芹 Oenanthe javanica (Bl.) DC.

桑科 Moraceae

榕属 *Ficus*

地果 *Ficus tikoua* Bur.

榕属 *Ficus*

无花果 *Ficus carica* Linn.

桑属 *Morus*

桑 *Morus alba* L.

构属 *Broussonetia*

构树 *Broussonetia papyifera* (Linn.) L'Hert. ex Vent.

山茶科 Theaceae

山茶属 *Camellia*

油茶 *Camellia oleifera* Abel.

山茱萸科 Cornaceae

鞘柄木属 *Torricellia*

鞘柄木 *Toricellia tiliifolia* DC.

灯台树属 *Bothrocaryum*

灯台树 *Bothrocaryum controversum* (Hemsl.) Pojark.

四照花属 *Dendrobenthamia*

四照花 *Dendrobenthamia japonica* (DC.) Fang var. *chinensis* (Osborn) Fang

十字花科 Cruciferae

芸苔属 *Brassica*

欧洲油菜 *Brassica napus* L.

诸葛菜属 *Orychophragmus*

诸葛菜 *Orychophragmus violaceus* (L.) O. E. Schulz

石榴科 Punicaceae

石榴属 *Punica*

石榴 *Punica granatum* L.

商陆科 Phytolaccaceae

商陆属 *Phytolacca*

垂序商陆 *Phytolacca americana* L.

石竹科 Caryophyllaceae

鹅肠菜属 *Myosoton*

鹅肠菜 *Myosoton aquaticum* (L.) Moench

漆姑草属 *Sagina*

漆姑草 *Sagina japonica* (Sw.) Ohwi

卷耳属 *Cerastium*
球序卷耳 *Cerastium glomeratum* Thuill.

石竹属 *Dianthus*
石竹 *Dianthus chinensis* L.

柿树科 Ebenaceae

柿属 *Diospyros*

君迁子 *Diospyros lotus* L.

柿属 *Diospyros*

柿 *Diospyros kaki* Thunb.

鼠李科 Rhamnaceae

勾儿茶属 *Berchemia*

铁包金 *Berchemia lineata* (L.) DC.

三白草科 Saururaceae

蕺菜属 *Houttuynia*

蕺菜 *Houttuynia cordata* Thunb

藤黄科 Guttiferae

金丝桃属 *Hypericum*

金丝桃 *Hypericum monogynum* L.

无患子科 Sapindaceae

栾树属 *Koelreuteria*

复羽叶栾树 *Koelreuteria bipinnata* Franch.

卫矛科 Celastraceae

卫矛属 *Euonymus*

冬青卫矛 *Euonymus japonicus* Thunb.

卫矛属 *Euonymus*

卫矛 *Euonymus alatus* (Thunb.) Sieb.

五加科 Araliaceae

五加属 Acanthopanax

细刺五加 Acanthopanax setulosus Franch.

常春藤属 Hedera

常春藤 Hedera nepalensis K. Koch var. sinensis (Tobl.) Rehd

八角金盘属 *Fatsia*

八角金盘 *Fatsia japonica* (Thunb.) Decne. et Planch.

刺楸属 *Kalopanax*

刺楸 *Kalopanax septemlobus* (Thunb.) Koidz.

楤木属 *Aralia*

楤木 *Aralia chinensis* L.

鹅掌柴属 *Schefflera*

鹅掌柴 *Schefflera octophylla* (Lour.) Harms

梁王茶属 *Nothopanax*

异叶梁王茶 *Nothopanax davidii* (Franch.) Harms ex Diels

苋科 Amaranthaceae

青葙属 Celosia

鸡冠花 Celosia cristata L.

莲子草属 Alternanthera

喜旱莲子草 Alternanthera philoxeroides (Mart.) Griseb.

小檗科 Berberidaceae

淫羊藿属 *Epimedium*

淫羊藿 *Epimedium brevicornu* Maxim.

南天竹属 *Nandina*

南天竹 *Nandina domestica* Thunb.

十大功劳属 *Mahonia*

阔叶十大功劳 *Mahonia bealei* (Fort.) Carr.

十大功劳属 *Mahonia*

十大功劳 *Mahonia fortunei* (Lindl.) Fedde

玄参科 Scrophulariaceae

婆婆纳属 *Veronica*

阿拉伯婆婆纳 *Veronica persica* Poir.

泡桐属 *Paulownia*

川泡桐 *Paulownia fargesii* Franch.

杨柳科 Salicaceae

杨属 *Populus*

响叶杨 *Populus adenopoda* Maxim.

悬铃木科 Platanaceae

悬铃木属 *Platanus*

一球悬铃木 *Platanus occidentalis* L.

旋花科 Convolvulaceae

菟丝子属 *Cuscuta*

菟丝子 *Cuscuta chinensis* Lam.

打碗花属 *Calystegia*

打碗花 *Calystegia hederacea* Wall.ex Roxb.

罂粟科 Papaveraceae

紫堇属 *Corydalis*

大叶紫堇 *Corydalis temulifolia* Franch.

榆科 Ulmaceae

榆属 *Ulmus*

榆树 *Ulmus pumila* L.

紫茉莉科 Nyctaginaceae

叶子花属 *Bougainvillea*

叶子花 *Bougainvillea spectabilis* Willd.

紫茉莉属 *Mirabilis*

紫茉莉 *Mirabilis jalapa* L.

樟科 Lauraceae

榕木属 *Sassafras*

榕木 *Sassafras tzumu* (Hemsl.) Hemsl.

木姜子属 *Litsea*

木姜子 *Litsea pungens* Hemsl.

樟属 *Cinnamomum*

樟 *Cinnamomum camphora* (L.) Presl

紫草科 **Boraginaceae**

琉璃草属 *Cynoglossum*

琉璃草 *Cynoglossum zeylanicum* (Vahl) Thumb.

盾果草属 *Thyrocarpus*

盾果草 *Thyrocarpus sampsonii* Hance

紫金牛科 Myrsinaceae

铁仔属 *Myrsine*

铁仔 *Myrsine africana* Linn.

紫金牛属 *Ardisia*

狭叶紫金牛 *Ardisia filiformis* Walker

被子植物门 单子叶

BEI ZI ZHI WU MEN DAN ZI YE

百合科 Liliaceae

百合属 *Lilium*

野百合 *Lilium brownii* F. E. Brown ex Miellez

芭蕉科 Musaceae

芭蕉属 *Musa*

芭蕉 *Musa basjoo* Sieb. & Zucc.

菖蒲科 Acoraceae

菖蒲属 *Acorus*

菖蒲 *Acorus calamus* L.

禾本科 Gramineae

玉蜀黍属 *Zea*

玉蜀黍 *Zea mays* L.

淡竹叶属 *Lophatherum*
淡竹叶 *Lophatherum gracile* Brongn.

早熟禾属 *Poa*
早熟禾 *Poa annua* L.

稻属 *Oryza*

稻 *Oryza sativa* L.

荩草属 *Arthraxon*

荩草 *Arthraxon hispidus* (Thunb.) Makino

看麦娘属 *Alopecurus*

看麦娘 *Alopecurus aequalis* Sobol.

狼尾草属 *Pennisetum*

狼尾草 *Pennisetum alopecuroides* (L.) Spreng.

狗尾草属 *Setaria*

狗尾草 *Setaria viridis* (L.) Beauv.

芒属 *Miscanthus*

芒 *Miscanthus sinensis* Anderss.

箬竹属 *Indocalamus*
箬竹 *Indocalamus tessellatus* (Munro) Keng f.

薏苡属 *Coix*
薏苡 *Coix lacryma- jobi* L.

兰科 Orchidaceae

斑叶兰属 *Goodyera*

斑叶兰 *Goodyera schlechtendaliana* Rchb. f. (Orchidaceae)

天麻属 *Gastrodia*

天麻 *Gastrodia elata* Bl. (Orchidaceae)

天南星科 Araceae

天南星属 *Arisaema*

一把伞南星 *Arisaema erubescens* (Wall.) Schott

菖蒲属 *Acorus*

金钱蒲 *Acorus gramineus* Soland.

犁头尖属 *Typhonium*

犁头尖 *Typonium divaricatum* (L.) Decne.

大薸属 *Pistia*

大薸 *Pistia stratiotes* L.

魔芋属 *Amorphophallus*

花魔芋 *Amorphophallus konjac* K.Koch

芋属 *Colocasia*

大野芋 *Colocasia gigantea* (Blume) Hook. f.

鸭跖草科 Commelinaceae

杜若属 *Pollia*

杜若 *Pollia japonica* Thunb.

鸭跖草属 *Commelina*

鸭跖草 *Commelina communis* Linn.

美人蕉科 Cannaceae

美人蕉属 *Canna*

美人蕉 *Canna indica* L.

石蒜科 Amaryllidaceae

石蒜属 *Lycoris*

石蒜 *Lycoris radiata* (L'Her.) Herb.

莎草科 Cyperaceae

莎草属 *Cyperus*

褐穗莎草 *Cyperus fuscus* L.

薯蓣科 Dioscoreaceae

薯蓣属 *Dioscorea*

薯蓣 *Dioscorea opposita* Thunb.

眼子菜科 Potamogetonaceae

眼子菜属 *Potamogeton*

菹草 *Potamogeton crispus* L.

雨久花科 Pontederiaceae

凤眼蓝属 *Eichhornia*

凤眼蓝 *Eichhornia crassipes* (Mart.) Solms

鸢尾科 Iridaceae

鸢尾属 *Iris*

鸢尾 *Iris tectorum* Maxim.

棕榈科 Arecaceae

石山棕属 *Guihaia*

石山棕 *Guihaia argyrata* (S. K. Lee et F. N. Wei) S. K. Lee, F. N. Wei et J. Dransf.

棕榈属 *Trachycarpus*

棕榈 *Trachycarpus fortunei* (Hook.) H. Wendl.

裸子植物门

LUO ZI WU MEN

柏科 Cupressaceae

侧柏属 *Platycladus*

侧柏 *Platycladus orientalis* (L.) Franco

红豆杉科 Taxaceae

红豆杉属 *Taxus*

红豆杉 *Taxus chinensis* (Pilger) Rehd.

杉科 Taxodiaceae

杉木属 *Cunninghamia*

杉木 *Cunninghamia lanceolata* (Lamb.) Hook.

柳杉属 *Cryptomeria*

柳杉 *Cryptomeria fortunei* Hooibrenk ex Otto et Dietr.

银杏科 Ginkgo

银杏 *Ginkgo*

银杏 *Ginkgo biloba* L.

松科 Pinaceae

松属 *Pinus*

马尾松 *Pinus massoniana* Lamb.

蕨类植物门

JUE LEI ZHI WU MEN

木贼科 Equisetaceae

木贼属 *Equisetum*

木贼 *Equisetum hyemale* L.

卷柏科 Selaginellaceae

卷柏属 *Selaginella*

翠云草 *Selaginella uncinata* (Desv.) Spring

石松科 Lycopodiaceae

石松属 *Lycopodium*

石松 *Lycopodium japonicum* Thunb. ex Murray

乌毛蕨科 Blechnaceae

狗脊属 *Woodwardia*

狗脊 *Woodwardia japonica* (L. f.) Sm.

中国蕨科 Sinopteridaceae

金粉蕨属 *Onychium*

野雉尾金粉蕨 *Onychium japonicum* (Thunb.) Kze.

紫萁科 Osmundaceae

紫萁属 *Osmunda*

紫萁 *Osmunda japonica* Thunb.

附录

FULU

桃花源国家森林公园野外实践课程大纲

一、实习的性质、目的、任务

生态学野外实践属于实践性课程，学生应在学习完相关校本课程的基础上，参加本实践。本实践课程主要包括生态学中有关种群、群落和生态系统部分的内容，此外还包括部分生物学基础和环境教育的内容。本实践课程将在有关理论课程学习的基础上，实地学习有关生物多样性研究的野外调查、实验以及有关数据的处理总结方法，进而完成实践报告的编写。通过本实践，将使学生掌握基本的生物多样性野外调查方法，以及与此有关的生物学基础、自然地理和环境教育的野外工作技能。

二、实习的组织实施

按实践内容，即植物群落调查、昆虫类和蘑菇调查，分别由6位老师负责，将学生分为6组，轮流进行4项内容的实践。进行采样、观察后进行标本的分离、鉴定和相关知识的讲解、学习和讨论。实践结束时即提交实践报告。

三、实习教学的基本要求

首先，由教师在现场对各项实践内容进行详细讲解和示范，要求清晰明了。其次，实践过程中随时准备解答学生的疑问。最后，实践结束后，指导老师要认真批阅学生的实践报告并进行总结，以便进一步提高实践教学效果。

四、实习内容

1.动植物分类基本技能：重点了解动植物分类的基本术语，有关工具书及检索表的使用。

2.森林生态系统分布的规律：主要了解地形、海拔高度以及人类活动影响与森林生态系统分布的关系。

3.植物群落的野外调查方法：掌握植物群落野外调查的主要方法：样地记录法、每木调查法、点四分法、相邻格子法等，并进行一定数量的样地调查，学习分析群落组成、群落结构和群落多样性。

4.野外昆虫种群调查方法：重点掌握昆虫种群的野外调查方法，包括种群密度、生态习性等。

5.野外蘑菇调查方法：重点掌握蘑菇种类、数量以及土壤类型与蘑菇分布的关系。

6.研究实验调查：在以上工作的基础上，学生对已有调查数据进行初步处理和总结，并进行交流。在此基础上，学生确定实践报告内容，在实习教师的指导下进行。

7.实践完成后学生提交实践报告。

五、实习方式

实习采取教师现场指导、学生亲自动手采集数据并对数据进行整理和分析。

六、实习考核和成绩评定

考核内容和方法分为三部分。

1.动植物识别：现场采集标本、个人识别、

评分；

2.实习报告：重点考核学生基本的生态学野外调查技能、数据分析能力等，提交报告评分；

3.实践报告：重点考核三个方面：实践报告设计、初步结果交流、实践报告写作规范等。

七、实习注意事项及其他

实习期间要保证每位学生的人身安全。

附录 Ⅱ

植物分类检索表介绍

植物分类检索表采用二歧归类方法编制而成。即选择某些植物与另一些植物的主要区别特征编列成相对的项号，然后又分别在所属项下再选择主要的区别特征，再编列成相对应的项号，如此类推编项直到一定的分类等级。

一、二歧检索表的编制与使用方法

1.分类检索表的编制原则

分类检索表是以区分生物为目的编制的表。目前，常用的是二歧分类检索表。这种检索表把同一类别的动植物，根据一对或几对相对性状的区别，分成相对应的两个分支。再根据另一对或几对相对性状，把上面的每个分支再分成相对应的两个分支，按二歧式分枝一样，逐

级排列下去，直到编制出包括全部生物类群的分类检索表。

2.检索表的使用方法

当遇到一种不知名的植物时，应当根据植物的形态特征，按检索表的顺序，逐一寻找该植物所处的分类地位。首先确定是属于哪个门、哪个纲与目的动植物，然后再继续查其分科、分属以及分种的动植物检索表。

在运用植物检索表时，应该详细观察植物标本，按检索表一项一项地仔细查对。对于完全符合的项目，继续往下查找，直至检索到终点为止。

使用检索表时，首先应全面观察标本，然后才进行查阅检索表，当查阅到某一分类等级名称时，必须将标本特征与该分类等级的特征

进行全面的核对，若两者相符合，则表示所查阅的结果是准确的。

二、常见的植物分类检索表有定距式（级次式）、平行式与连续平行式三种

（一）定距式（级次式）检索表

将每一对互相区别的特征分开编排在一定的距离处，标以相同的项号，每低一项号退后一字。如：

1.植物体构造简单，无根、茎、叶的分化，无胚。（低等植物）
　2.植物体不为藻类与菌类所组成的共生体。
　　3.植物体内含叶绿素或其他光合色素，自养生活方式………藻类植物
　　3.植物体内无叶绿素或其他光合色素，寄生或腐生………菌类植物
　2.植物体为藻类与菌类所组成的共生体………地衣类植物
1.植物体构造复杂，有根、茎、叶的分化，有胚。（高等植物）
　　4.植物体有茎与叶及假根………苔藓植物门
　　4.植物体有茎、叶与根。
　　　5.植物以孢子繁殖………蕨类植物门
　　　5.植物以种子繁殖………种子植物门

（二）平行式检索表

将每一对互相区的特征编以同样的项号，并紧接并列，项号虽变但不退格，项末注明应查的下一项号或查到的分类等级。如：

1.植物体构造简单，无根、茎、叶的分化，无胚（低等植物）………2
1.植物体构造复杂，有根、茎、叶的分化，有胚（高等植物）………4

2.植物体为菌类与藻类所组成的共生体………地衣类植物
2.植物体不为菌类与藻类所组成的共生体………3
3.植物体内含有叶绿素或其他光合色素，自养生活方式………藻类植物
3.植物体内不含叶绿素或其他光合色素，营寄生或腐生生活………菌类植物
4.植物体有茎、叶与假根………苔藓植物门
4.植物体有根、茎与叶………5
5.植物以孢子繁殖………蕨类植物门
5.植物以种子繁殖………种子植物门

（三）连续平行式检索表

将一对互相区别的特征用两个不同的项号表示，其中后一项号加括弧，以表示它们是相对比的项目，如下列中的1.（6）与6.（1），排列按1.2.3.……的顺序。查阅时，若其性状符合1时，就向下查2。若不符合1时就查相对比的项号6，如此类推，直到查明其分类等级。如：

1.（6）植物体构造简单，无根、茎、叶的分化，无胚。（低等植物）
2.（5）植物体不为藻类与菌类所组成的共生体。
3.（4）植物体内有叶绿素或其他光合色素，营独立生活………藻类植物
4.（3）植物体内不含叶绿素或其他光合色素，营寄生或腐生生活………菌类植物
5.（2）植物体为藻类与菌类的共生体………地衣类植物
6.（1）植物体构造复杂，有根、茎与叶的分化，有胚。（高等植物）
7.（8）植物体有茎、叶与假根………苔藓植物门
8.（7）植物体有根、茎与叶
9.（10）植物以孢子繁殖………蕨类植物门
10.（9）植物以种子繁殖………种子植物门

三、怎样编制简单的二歧检索表

在编制检索表时，首先将所要编制在检索中的植物，进行全面细致地研究，而后对其各种形态特征进行比较分析，找出各种形态的相对性状（注意一定要选择醒目特征），然后再根据所拟采用的检索表形式，按先后顺序，分清主次，逐项排列起来加以叙述，并在各项文字描述之前用数字编排。最后到检索出某一等级

附录Ⅲ

的名称时，应写出具体名称（科名、属名与种名）。在名称之前与文字描述之间要用"……"连接。例如，在被子植物这一大类群中，有些胚是两片子叶，有些胚只是一片子叶，于是可以根据这一对立特征及其他一些特征将被子植物分为两大类。按平行式排列编出检索表。

1.胚有两片子叶；叶片多具网状脉；花各部分的基数常是5或4……双子叶植物纲

1.胚有一片子叶；叶片多具平行脉；花各部分的基数常是3…………单子叶植物纲

植物标本的采集与制作

第一单元　腊叶标本的制作

识别植物，观察各种植物的形态、结构、生态和习性，首先应采集标本，鉴定其名称，并经处理，将其永久保存起来，为教学和观察之用。因此，采集制作好的腊叶标本对以后的研究是至关重要的。可以说，少量真正保存和注释良好的标本比量大但是质量差的标本更有价值。这就要求对植物标本制作的采集、压制和装订规范操作。

第一课　腊叶标本采集的基本要求及采集工具

（一）标本采集的基本要求

1.采集完整的标本。繁殖器官（花和果）

在被子植物的物种鉴定中很重要，标本采集必须具备花或果的材料，或两者都有。

2.标本大小以每份标本长度不超过40 cm为宜。株高40 cm以下的草本整株采集；更矮小的草本则采集数株，以采集物布满整张台纸为益；更高者需要折叠全株或选取代表性的上、中、下三段作同号完成一份标本。木本植物选有花和（或）果的枝条，有多型叶时要收齐不同形态的叶片。

3.每株植物标本应至少采集2~3份。下列情况应考虑采集复份（3~5份）标本：当标本采集地为采集空白或薄弱地区时，当采集的标本是用于交换时，当多份标本才能表现物种的全部特征时，当遇到珍稀和重要经济植物时。

4.调查植物土（俗）名和用途，注意观察植物本身的性状和其生长环境，以充实植物资

源数据。不采集或尽量少采集重点保护和珍稀濒危植物，更好地了解和保护利用植物。

5.采集木本植物时，应注意记录植株全形，如山楂、皂荚的大树基部有枝刺等特征；采集草本植物时，应注意一年生、多年生、土生、附生、石生、常绿、冬枯等习性特征；采集水生植物时，应注意其异型叶的特征；注意观察花的结构和颜色，留意植物特殊的气味。

（二）采集标本工具

剪切和挖掘工具：手剪（枝剪）、高枝剪、锯和撅铲（挖掘工具）等。

标本夹和标本纸：多用轻韧的木料制成，长约43 cm，宽约30 cm。常用宽2~3 cm、厚5~7 mm的木条钉成，横向每隔4~5 cm一条，四周用较厚（约1.8 cm）木条钉实。通常用质地较软、吸水力较强的草纸来作标本纸。

采集箱和采集袋：从前采集标本常用铁皮制的采集箱（桶），现已经被轻巧便携而实用的塑料袋所取代。

其他标本采集和包装用品：小型塑料袋（暂存小草及柔弱植物）、广口塑料瓶（用于采集植物分离器官的液体保存）、小纸袋（装花果散件和植物碎片）、标本夹绑带（耐火尼龙带）、长绳和玻璃扁绳等；手持放大镜、望远镜、镊子、刀片等；照相机、铅笔、碳素水笔、粗细不同的记号笔、米尺、标本野外记录本、标签（号牌）、日记本、空白纸张等。

第二课　腊叶标本的采集技术（一）

（一）木本植物的采集

木本植物一般是指乔木、灌木或木质藤本植物，采集时首先选择生长正常无病虫害的植株作为采集的对象，并在这植株上选择有代表

性的小枝作为标本。所采的标本最好是带有叶、花或果实的，必要时可以采取一部分树皮。要用修枝剪来剪取标本，不能用手折，因为手折容易伤树，摘下来的枝条压成标本也不美观。但必须注意，采集落叶的木本植物时，最好分三个时期去采集才能得到完整标本。例如：（1）冬芽时期的标本；（2）花期的标本；（3）果实时期的标本。因为有些植物是先开花后长叶，像迎春、腊梅、紫荆等。那么采集时先采花，以后再采集叶和果实，就得到完整的标本了。一般地说，没有花和果实的标本不能作为鉴别种类的依据，所以必须采叶、花（或叶、果）齐全的枝条，同时标本上最好带着二年生的枝条，因为当年生的枝条，变态变化比较大，有时不容易鉴别。此外，同种植物雌雄异株的如杨树和柳树等，这种植物特别注意要采齐雌株和雄株的标本，这样的标本具有更丰富的信息。所采标本的大小，一般长度约42 cm，高29 cm为宜。这样合乎白纸的长度和宽度压干后装订比较美观。

（二）草本植物的采集

高大的草本植物采集法一般与木本植物同。除了采集它的叶、花、果各部分外，必要时须采集它的地下部分，如根茎、匍匐枝、块茎和根系等，应尽量挖取，这对于确定植物是一年生或多年生，在记载时有很大帮助。有许多草本植物是根据地下部分分类的，像禾亚科、竹亚科、香附子等植物，不采取地下部分就很难识别。高达1 m以上的高大草本，采集时最好连根挖出。干燥时可将植物体折成"V"形、"N"形或"W"形，让其合乎标本标准尺寸装订到台纸上。也可将植物切成分别带有花果、叶和根的三段压制，然后三者合为一份标本装订。对矮小草本，要把整株植物连根采集；对匍匐

草本、藤本，注意主根和不定根，匍匐枝过长时，也可分段采集；具地下茎的草本，要尽可能挖取地下茎部分。

第三课　植物标本的采集技术（二）

（三）水生植物的采集

很多有花植物生活在水中，有些植物种类的叶柄和花柄长度是随着水的深度而增加的，因此采集这些植物时，有地下茎的则可以采取地下茎，这样才能显示出花柄和叶柄着生的位置，但采集时必须注意有些水生植物全株都很柔软脆弱，一提出水面，它的枝叶即彼此粘贴重叠，带回室内后常失去其原来的形态，因此采集这类植物时，最好成束捞起，用草纸包好，放在采集箱里，带回室内立即将其放在水盆或水桶中，等到植物的枝叶恢复原来状态时，用旧报纸一张，放在受水的标本下轻轻将标本提出水面后，立即放在干燥的草纸里好好压制，最初几天，最好每天换3~4次的干纸，直至标本表面的水分被吸尽为止。

（四）肉质或多汁植物的采集

肉质或多汁植物采集应将其纵切或横切，有时需将其内部的组织挖出，还要考虑是否将一半的材料浸泡在保存液中保存。在野外干燥时，要在切开的茎表面撒大量食盐，用盐包裹的材料应置于夹有多层报纸的标本夹中，24 h后要把浸有盐水的报纸移去，或者用开水将材料烫死，然后放置在薄纸板–铝板的三明治层中烘干。

鳞茎或球茎及肉质直根植物应小心将其从地下挖出，去土，但不要剥掉鳞茎皮。小鳞茎或球茎可纵向切开，大的则应切成片状。然后把这些器官杀死（与肉质或多汁植物处理方法相同），否则它们在压制过程中会仍然存活，影

响标本压制的质量。

（五）特殊植物的采集

特殊植物如棕榈科或芭蕉科，这类植物的叶片很大，叶柄长，采来后标本压制非常困难，因此采集时只能采其叶、花、果，树皮中一部分，但是必须把它们的高度、茎的直径、叶的长宽和裂片的数目，叶柄、叶鞘的长度、形态等数据必须全部记录下来，最好及时把它摄影，将照片附在标本上。此外有些寄生性的植物，如桑寄生、菟丝子等都寄生在其他植物体上，采集这类植物时必须连同寄主上被寄生的部分同时采下来，并且把寄生的种类、形态同寄生的关系等记录上。

标本采集后，在制作前还必须经过清理，目的是除去杂质，使要展示的特征更为突出。清理步骤：一是除去枯枝烂叶，除去凋萎的花果，若叶子太密集，还应适当修剪，但要留下一点叶柄，以示叶片着生情况；二是用清水洗去泥沙杂质。冲洗时不要损伤标本，有些植物体上附属物也是分类特征，如蕨类植物根状茎上的鳞叶等，都应注意保护。

标本清理后，应尽快进行制作，否则时间太久，有的标本的花、叶容易变形，影响效果。

第四课　标本数据记录和标本编号

为什么在野外采集时要做记录工作呢？因为我们在野外采集时只能采集整个物体的一部分，而且有不少植物压制后与原来的颜色、气味等差别很大，如果所采回的标本没有详细记录，日后记忆模糊，就不可能对这种植物全面了解，鉴定植物时也会发生更大的困难。因此记录工作在野外采集时是极为重要的，而且采集和记录的工作是紧密联系的，所以我们到野外前必须准备足够的采集记录纸，必须随采随

记，只有这样养成了习惯，才能使我们熟练地掌握野外采集记录的方法，只有熟练地掌握野外记录后才能保证采集工作顺利进行，至于记录工作如何着手呢？例如，有关植物的产地、生长环境、性状、叶、花果的颜色，有无香气和乳汁以及采集日期等必须记录。记录时应注意观察，在同一株植物上往往有两种叶形，如果采集时只能采到一种叶形的话，那么就要靠记录工作来帮助了。因此采集者必须将植物的高度，地上及地下茎的节间数目、颜色等记录下来，这样采来的标本对植物分类工作者才有价值，下面将常用的野外记录表介绍如下，供同学参考。

采 集 记 录

采集数：001（采集号数要与小标签号数相符）

地点（产地）：

采集日期：＿＿＿年＿＿＿月＿＿＿日

环境：

性状：乔木；灌木；亚灌木；草木（包括一、二年生或多年生）、直立；平卧；匍匐；攀援；缠绕

体高：＿＿＿米；胸高直径＿＿＿厘米；周围：＿＿＿米（厘米）

分布：普通；罕见；少数；散生；丛生

形态：树皮或茎（指草本植物）树干、小枝的颜色。

叶：草质；皮纸质；膜质；叶面＿＿＿色；叶背＿＿＿色

幼叶：＿＿＿色，小叶＿＿＿片。

花：＿＿＿颜色，＿＿＿气味，＿＿＿形状。

果：＿＿＿颜色，＿＿＿气味，形状＿＿＿。

用途：食用、药用、纤维用、染料、油漆、建筑、观赏其他。

土名：可访问老乡记下当时的俗名。

采集标本时参考以上采集记录的格式逐项填好后，必须立即将小标签的采集号数挂在植物标本上，同时要注意检查采集记录上的采集号数与小标签上的号数是否相等，记录上的情况是否是所采的标本。这点很重要，如果其中发生错误，就失去标本的价值，甚至影响到标本的鉴定工作，小标签号数要与采集号数相符。

第五课　标本压制和干燥（一）

标本采集回来之后，首要的任务就是进行标本的压制和干燥，目的是迅速压干新鲜含有较多水分的植物标本，将其制成扁平的腊叶标本，保证植物的形态和颜色不起很大变化，并防止植株部分脱落。

（一）标本压制干燥前的预整理

标本应置于衬纸或报纸中，最好在标本夹里压上一段时间后进行摆放整理。标本整理和修剪的注意事项如下。

（1）将标本折叠或修剪成与台纸相应的大小（长约30 cm，宽约25 cm）。

（2）将枝叶展开，反折平铺其中一小枝或部分叶片，进行观察鉴定时能见到植物体两面的构造。调整植物体上过于密集的枝叶及花果（但要保留叶柄以表明叶片的着生方式和着生位置，注意花果部分不要重叠）。

（3）茎或小枝要斜剪，以便观察中空或含髓的内部结构。

（4）大叶片可从主脉一侧剪去，并折叠起来，或可剪成几部分。

（5）草本植物可折成"V"形或"N"形、

"W"形。如根部泥土过多，则应整理干净后再压制。

（6）野外采集的弱软花朵花序可散放在餐巾纸或卫生纸中干燥；若为筒状花，花冠应纵向剖开。

（7）若有额外采集的果实，有些应纵向剖开，有些横向切开；若果实过大可切成片状后干燥。

（二）压制换纸和干燥

把整理后的植物标本置于放有吸水纸的一扇标本夹板上，然后，在标本上放置2~3张干燥的吸水纸。注意调整由于标本的原因造成的凹凸不平，使木夹内的全部枝叶花果受到同等的压力。压制时应注意植物体的任何部分不要露出吸水纸外，否则标本干燥时，伸出部分会缩皱，枯后也易折断。

当标本重叠到一定高度时，在最上面放5~10张吸水纸，把另扇标本夹板放在上面，进行对角线捆扎，捆扎后应使绳索在夹板正面呈"X"形。这一步骤的要求是要绑紧，绑紧才会压平，标本夹四角应大致水平，防止高低不均。目的是使标本迅速干燥并且突出展示特征。该步骤是保证标本质量的关键，千万不可马虎，否则就历尽千辛万苦而难免前功尽弃。

为使它能迅速干燥，在最初的几天，特别要勤换纸，每天应换干燥的吸水纸至少1~2次，含水量高或者过大过厚的标本，更要勤换纸。一般标本纸换到8~10次时，标本基本上干燥了，则可隔天换一次，直至标本全部干燥为止。这时，可以将已干标本取出另放，未干者继续换纸。

换纸时，用干燥的吸水纸垫在下面，把标本从湿纸上取出轻轻置于干燥纸上，换完后仍按照上述方法捆扎好，换下的湿纸要及时晒干或烘干，备以后使用。在换纸的同时，还应注

意对标本进行继续修整，铺展枝叶，收藏脱落的花果和清除霉烂部分等。

上述的标本干燥法称之为自然干燥法，这种方法能使标本达到最自然的干燥效果，压制的标本颜色逼真，但该方法费工耗时，在大规模采集标本及有火力/电力供应的情况下，多采用人工热源干燥法来干燥标本。

人工热源干燥法的标本整理及压制规程同自然干燥法，但标本一般是放置在报纸内，数份报纸之间由瓦楞纸或瓦楞铁隔开，够一定数量后用耐火捆带捆好，放置于热源上烘烤。另外，该方法标本压制后的换纸和后续整理较少，故需做好首次压制时的修整。标本干燥过程中要变换标本夹方向若干次，使标本受热均匀。烘干时，应扎紧标本夹，标本夹过松可能会导致标本过度的扭曲或枯萎。一天至少检查标本烘干状况两次，必要时可更换报纸。第一次换纸时，可重新整理标本以达到最佳效果，其中花部要重点整理。同期采集的标本有时不能以同一速度干燥，已烘干的标本应马上拿开，换下的纸晾干后可继续使用。标本完全干燥一般约需10 h或1~2 d。

第六课　标本压制和干燥（二）

（三）特殊类型植物的压制和干燥

1. 多汁植物的干燥处理

有些植物，营养器官肉质而肥厚。直接压制，长时间内不能干燥，而且它自己还会继续生长。对这类植物可选用以下方法处理。

①把花和叶以常规法压好，将肥厚部分挂上与压制标本相同的号牌，置于通风干燥处或日光下，让其迅速失水死亡，待干瘪柔软后再放入标本纸中与同号标本一起压制。或把肥大器官置于盐水中浸泡几分钟，让其失去一部分

水分后，以清水洗净晾干，再压制。但应注意，不能让花、叶萎蔫。

②将植物的肉质器官投入沸水中几分钟，待其死亡后，晾干，再以常规法压制。但不能将整株植物投入沸水中，以防止叶、花或果等部分收缩变形。葱、蒜等植物的鳞茎或球茎可用此法。

③把植物体（除花、果部分外）浸泡在2%~5%的福尔马林（甲醛）溶液中（市售的福尔马林含37%~40%甲醛，用时稀释成含甲醛2%~4%即可）或10%~20%的酒精溶液中，杀死细胞后取出再压制。如秋海棠、落地生根等植物可采用此法。

④对于像石蒜属、天南星属、百合属等具肥大肉质地下茎的植物，可以用小刀将其划割成2~4瓣，用沸水淋烫，让外部细胞死亡。淋烫后将容器斜放，让地下茎上的水逐渐流干，然后移置于吸水纸上，小心地用力压出水分，再用一般的干燥程序处理压制。菊芋类特别肥大的块茎，也可以先削去肥厚块茎的一半，并挖掉内面肉质部分，这样压制就容易平整和干燥。

⑤有些植物有硕大的果实，则分别作横切和纵切，各取一横切片和纵切片，作为果实的代表进行压制。但应详细地把果实的大小、形状、形态及颜色特征等记载下来，有条件的可以拍摄照片附上。

2.其他一些植物体的干燥处理

豆科中的某些植物，大戟属中的某些植物，松柏类植物在进行标本压制时，其叶片会逐渐脱落，最后仅剩下光秃秃的枝条。这类植物的标本可采用沸水浸烫或用75%酒精喷雾等方法处理。

含羞草属、合欢属等植物，其叶片在采集后不久就会自动卷合，压制时无法展平，这类植物应在野外采集后立即压制。如叶片已卷合

萎缩，可以将叶片浸在温水中，等叶片重新展开时，再取出叶片去掉水分进行压制，压制时应注意将叶片逐个摊平展开，否则压制出的标本会不美观。

有些植物，如皂角的茎和枝上往往有单生或分枝的粗刺，压制时常会把吸水纸刺破，很难压平。对于这类植物，可以先将刺的类型、着生方式、形状等特征记录下来，并绘上简单的草图，也可以附上照片。然后用两块平滑的木板，把标本夹在中间，轻压，使刺的各部与植物体成一平面，再用常规方法压制。对于一些较小的刺，只要不影响压制和上台纸，则不必如此处理，但在操作过程中要防止扎伤手指。

第七课　标本装订

获得高质量标本的关键是采集，但是装订过程也同样很重要，只有经过科学方法装订出来的标本才能充分发挥其研究素材的作用，同时也达到既便于保存，又美观的效果。

（一）标本装订技术的总体要求

1.展示标本——让人最大限度地观察到标本的各个部分。

2.固定标本——通过胶粘或线缝牢固地将标本固定在台纸或卡片上，但同时允许从标本上取小部分进行详细的研究。

（二）装订所需材料

1.装订台纸

为8开（A3）大小的硬纸板，撑托标本用。

2.折叠纸袋

粘贴在装订台纸上，用于放置标本上掉下或有意剪下的碎片或其他细小部分，或微小的标本，以资保护标本和方便后人观察之用。要求纸袋在折叠粘贴在台纸上之后，打开时仍能保持平伸状态，折合时能保持封闭状态，而不

至于让细小部分如种子从底部角落散出。

3.标本胶黏剂

用于粘贴标本、标签、照片和折叠纸袋等；常用的类型有：淀粉糨糊、聚乙酸乙烯酯、甲基纤维素、羧甲基钠纤维素；其他的还有：乳胶（水溶性）、阿切尔塑料胶、明胶或动物胶、树胶等。

（三）标本装订基本技术

标本在开始装订前，要根据具体情况在台纸上布置好标本、纸袋及标签的位置，力求以最佳排列方式展示标本尽可能多的特征，而且要求美观并方便查阅。

1.标签

野外记录标签一般贴在台纸的左上角或右下角；鉴定标签（定名签）一般贴在台纸的右下角，或下方其他空白地方；取材标签可贴在任何空白地方。

2.纸袋

选择大小合适的纸袋来存放标本的松散部分。一般将纸袋放在台纸的右边，与属夹的开口侧一致，避免放在左边时增加属夹的额外厚度而导致标本的损坏。放小种子之类物品的透明袋必须不封口放在纸袋中。如有足够的花，可放一些在纸袋里以便于研究。

3.小号牌

小号牌是有采集号的标签，通常用线拴在标本上（或有时是拴在标本上的纸条）。小号牌必须与标本一起保存，小号牌可以贴在台纸主标签的旁边，人名和采集号朝上，如不妨碍标本的其他部分，亦可挂在标本上。

4.标本

标本是装订的主要目的及对象，它在台纸上安排标本时要考虑以下几点。

（1）选择最好的一面以展示尽可能多的特征。

（2）剪去多余叶子显示隐藏的花和果（应注意保留叶柄）。

（3）展示叶子的两面，如需要时可摘下并翻转一片叶子或放入纸袋；如果仅有一片大叶子，切下一部分翻过来贴在台纸上或放入纸袋。

（4）如果在台纸上装订一株以上的植物，则保持全部向上，并将最大最重的标本放在底部，以防移动时台纸弯曲。

（5）微小植物：如果数量多，在台纸上放少许，但大多数要放在纸袋里；如果仅有少许，则全部放入纸袋。

（6）许多较大的标本最好是按对角线放置。这样与纵向放置相比可放得更长更宽，并可避免部分标本被标签遮住。

（7）过长的标本可顶端向上或基部向下折叠以适合台纸的要求。

（8）如果标本只有一朵大花，且该花不能粘贴，则需在其上放一用透明纸做的"窗口"加以保护。该窗口仅在外侧封住，以便能将其折回对花及花在标本上的附着点进行检查。

（9）具有易于破碎的花序的标本（如禾本科）需将整份标本放在未封口透明封袋中加以保护。

第二单元　浸制标本的制作

植物的花、果、地下茎等，可浸泡在药液中作成浸制标本保存，以保持标本原来的形状和色泽。浸制药液分一般溶液和保色溶液两种。前者为纯防腐性药液，后者兼有防腐和保持标本原色的作用。标本材料应采摘新鲜无病（植病标本除外）的材料，果实以八成熟的为宜。浸制材料应保存在玻璃广口瓶或标本瓶中，注意瓶中浸泡的材料不可过满。装好材料和药液后加盖。并用聚乙烯醇、凡士林等将瓶口封严，在瓶的外面贴上标本签。制作好的浸制标本应陈列在室温较低、无阳光直射的标本柜中。浸制标本一般可保存1~3年。

（一）一般药液浸制标本

1.福尔马林液浸制标本

用市售甲醛（40%浓度）加水配成4%~5%的福尔马林液，即可浸制花、果和植物的地下部分。但所浸标本容易褪色。

2.酒精溶液

用市售工业酒精或卫生酒精（通常为95%浓度）加水配成70%酒精溶液，即可浸泡标本。

（二）绿色标本浸制

在保色标本中，以保持标本原有的绿色效果较好，常用的方法有以下几种。

方法1：将饱和醋酸铜溶液用水稀释3~4倍，加热至70~80℃；将洗净的标本投入药液中，标本的绿色渐渐褪去，变成黄色，继续煮至标本由黄变绿，又呈现出原有的色泽时取出；洗净整形后放入准备好的保存液（5%福尔马林液）中保存。此法可长期保持标本的绿色不褪。注意浸泡时应保持药液的温度，并不停翻动标本，使之与药液完全接触并均匀受热。加热浸煮的时间因标本质地而异，较薄的材料10 min左右，较厚的材料约20 min，特别坚硬的材料，时间会更长些。饱和醋酸铜·醋酸溶液配制方法是，将醋酸铜粉末缓慢加入50%的醋酸中，用玻璃棒轻轻搅动，直至粉末不再溶解为止。

方法2：用氯化铜10 g，甘油2.5 ml，市售福尔马林5 ml，冰醋酸2.5 ml，50%酒精90 ml配成药液，将标本洗净放入，浸泡1星期左右，取出洗净，放入保存液中保存。幼嫩的器官或果实，不宜加热处理，适合用这种溶液浸制保色。

方法3：将洗净的果实等材料在饱和硫酸铜溶液中浸10~20 d，取出洗净后放入4%福尔马林

液中保存。

方法4：将果实等材料洗净后浸于饱和硫酸铜溶液中1~3 d，取出洗净后再放入0.5%亚硫酸溶液中浸1~3 d，取出洗净后放入用亚硫酸1 ml、甘油3 ml、水100 ml配成的混合液中保存。

第三单元　叶脉标本的制作

叶形美观的叶片压制干燥固定成形以后，系上一条细丝带可以当作书签。如果把叶片上的叶肉部分用特殊的方法去除之后将剩下什么呢？剩下的是纵横交错的叶脉。你知道吗，叶脉书签也很漂亮，细细的叶脉交织在一起，就像丝织的细纱，又像薄薄的蝉翼，惹人喜爱，这种书签你也能做！

选取什么样的叶子好呢？首先应该选取叶脉交织成网状的，也就是双子叶植物的叶片，而不要选叶脉是平行的，互不交错的单子叶植物叶片，因为这样的叶脉没有叶肉相连，就容易折断。其次，应选取叶形美观、质地坚韧、叶脉致密的叶片，像杨树叶、榆树叶等。采集叶片的时间最好在秋季，叶片即将落下，又不很老的时候。采回的叶片要完整。下面就介绍去除叶肉的两种方法。

1.煮制法

取一个250 ml的烧杯或其他容器，里面装200 ml水，加5 g碳酸钠，7 g氢氧化钠，用玻棒或筷子搅匀，加热煮沸。加热时在烧杯与火焰之间要隔一个石棉网。选好叶片，洗净放入沸腾的液体中。为了不使叶柄受到伤害，将叶柄用小夹了夹住，用铁丝钩将小夹子钩挂在烧杯壁上。这样，叶片浸没在溶液中而叶柄悬在溶液之外。一个夹子可以夹几个叶片。

在煮叶片时，注意翻转夹子，让各部分煮

匀。十几分钟后，取出一个叶片，用棕毛刷轻轻拍打，看叶肉能不能脱落下来。如果不行就继续烧煮，如果叶肉容易脱落下来，就马上停火将叶取出。用眼观察，当叶的表面有凸泡出现的时候，叶肉最容易脱落。将取出的叶片用清水漂洗，去除药物，然后放在一块小木板上，用毛刷拍打，轻轻地刷，边刷边滴清水冲去脱落的叶片，叶片的正反面都要刷。注意要轻刷，以免刷断叶脉叶柄，前功尽弃。叶脉冲刷干净，只剩下网状的叶脉就可以了。煮叶片的时间长短，要依据不同植物的叶片而定，有的十几分钟，有的则要几个小时。

2.水泡法

这个方法非常简单，适于在炎热的夏季采用。把采来的叶片放在水罐或其他容器中，用水浸泡，水要没过叶片。将这个装置放到温暖的地方，水中的细菌会使叶肉腐烂，叶片颜色由绿变褐色。如果发出臭味应该立即换水。叶片不同，需要时间的长短也不一样。过1~2周，晃动容器，随着水的振动有叶肉脱落下来，就可以将叶片取出。再用棕毛刷将残留的叶肉轻轻刷掉、冲净即可。去除叶肉就制成了叶脉标本，这时的叶脉标本还不够美观，我们再将它们漂白染色。

把叶脉标本放到10%~15%的双氧水中浸泡2 h左右，叶脉逐渐褪去黄褐色，变得发白，取出，冲去药液，将叶脉标本平铺在木板上，晾到半干或用吸水纸吸去多余的水分就可以染色了。这样再染上的颜色容易均匀，色彩鲜艳。选好自己喜欢的颜色，将颜料用温水冲开，均匀地滴在叶脉上。过几分钟后，把叶脉放在几层吸水纸之间，夹在旧书中压平。几天后取出，系上一条漂亮的丝线，一个美丽的叶脉书签便展现在眼前了。

附录Ⅳ

植物花序分类介绍

无论你是个粗心的人还是个细心的人，每当你看到一棵植物的花朵，都或多或少为花朵的排列多样化感慨不已，有一枝一枝的，也有一簇簇的，还有看起来乱糟糟长在一起，细观察似乎又有某种规律，花的这种排列特点就是——花序。

花序（inflorescence）：是花序轴及其着生在上面的花的通称，也可特指花在花轴上不同形式的序列。花序可分为有限花序和无限花序。花序常被作为被子植物分类鉴定的一种依据。纯理论的东西难免会让人头昏眼花，下面还是用实例一一说明。

一、单生花

被子植物的花，有的是单独一朵生在茎枝

顶上或叶腋部位，称单顶花或单生花，如玉兰、牡丹、芍药、莲、桃等。均属于无花序的花。

二、无限花序

无限花序也称作总状类花序，其开花顺序是花序下部的花先开，渐渐往上开，或边缘花先开，中央花后开。

1.总状花序：是无限花序的一种。其特点是花轴不分枝，较长，自下而上依次着生许多有柄小花，各小花花柄等长，开花顺序由下而上，如白菜、紫藤等。

紫藤：中间一个花轴，其上的小花柄等。长白菜：中间一个花轴，其上的小花柄等长

2.圆锥花序：主花轴分枝，每个分枝均为总状花序，故称复总状花序。又因整个花序形如圆锥，又称圆锥花序。如水稻、燕麦等的花序。葡萄：仔细看分枝，又独立成一个总状花序。

3.穗状花序：长长的花序轴上着生许多无梗或花梗甚短的两性花，如车前、地榆；车前：花轴上的每朵花都好纤细，注意过的人应该不多。

4.复穗状花序：穗状花序的花序轴上的每一分枝为一穗状花序，整个构成复穗状花序，如大麦、小麦等的花序。小麦：很精彩的细分图，不过要足够用心看。

5.肉穗状花序：花序轴肉质肥厚，其上着生许多无梗单性花，花序外具有总苞，称佛焰苞，因而也称佛焰花序，芋、马蹄莲的花序和玉蜀黍的雌花序属这类。马蹄莲：的确很像火焰，至于什么是佛焰，仁者见仁，智者见智。

6.柔荑花序：花序轴长而细软，常下垂（有少数直立），其上着生许多无梗的单性花。花缺少花冠或花被，花后或结果后整个花序脱落，如柳、杨、栎的雄花序。柳树：明年四月，记得拿着这个像毛毛虫的花，感觉一下什么叫柔

荑花序。

7.伞房花序：花序轴较短，其上着生许多花梗长短不一的两性花。下部花的花梗长，上部花的花梗短，整个花序的花几乎排成一平面，如梨、苹果的花序。

苹果属：需要细看，很容易和伞形花序混淆。

8.伞形花序：花序轴缩短，花梗几乎等长，聚生在花轴的顶端，呈伞骨状，如韭菜及五加科等植物的花序。韭菜：有一天，植物群里有人将韭菜花拍得很大，让我猜是什么花，真实尺寸的韭菜花很小。

9.复伞房花序：花序轴上每个分枝（花序梗）为一伞房花序，如石楠、光叶绣线菊的花序。

光叶绣线菊：乍一看是不是感觉乱糟糟的，其实万物自然有其规律，只是需要睁开你的慧眼。

10.复伞形花序：许多小伞形花序又呈伞形排列，基部常有总苞，如胡萝卜、芹菜等伞形科植物的花序。胡萝卜：看过韭菜花，这个就不难理解了。

11.头状花序：花序上各花无梗，花序轴常膨大为球形、半球形或盘状，花序基部常有总苞，常称蓝状花序，如向日葵；有的花序下面无总苞，如喜树；也有的花轴不膨大，花集生于顶端的，如车轴草、紫云英等的花序。向日葵：相信很多人认为向日葵是单生花，其实它是有很多小花按头状花序组成的。白车轴草：一直喜欢如车轴草，说不上为什么，是典型的头状花序。

12.隐头花序：花序轴顶端膨大，中央部分凹陷呈囊状。内壁着生单性花，花序轴顶端有一孔，与外界相通，为虫媒传粉的通路，如无花果等桑科榕属植物的花序。

无花果：很特殊的花序，对于对植物不了解的人来说很难理解这种植物的存在。

三、有限花序

有限花序也称聚伞花序，其花序轴为合轴分枝，因此花序顶端或中间的花先开，渐渐外面或下面的花开放，或逐级向上开放。

1.单歧聚伞花序：顶芽成花后，其下只有1个侧芽发育形成枝，顶端也成花，再依次形成花序，单歧聚伞花序又有2种。

①蝎尾状聚伞花序：如果侧芽左右交替地形成侧枝和顶生花朵，呈二列的，形如蝎尾状，叫蝎尾状聚伞花序，如唐菖蒲、黄花菜、萱草等的花序；

②螺形聚伞花序：如果侧芽只在同一侧依次形成侧枝和花朵，呈镰状卷曲，叫螺形聚伞花序，比如附地菜、勿忘草等的花序。

2.二歧聚伞花序：顶芽成花后，其下左右两侧的侧芽发育成侧枝和花朵，再依次发育成花序，如卷耳等石竹科植物的花序。

3.多歧聚伞花序：顶芽成花后，其下有3个以上的侧芽发育成侧枝和花朵，再依次发育成花序，如泽漆、大戟、银边翠等的花序等。次级花序密集，也称密伞花序，其构成单位是杯状聚伞花序。

4.轮伞花序：聚伞花序着生在对生叶的叶腋，花序轴及花梗极短，呈轮状排列，如野芝麻、益母草等唇形科植物的花序。

5.杯状聚伞花序：聚伞花序的一种变型。是大戟科所特有的一种花序，是由一个雌蕊或雄蕊构成的有柄雌花或雄花被包于杯状花托内的花序。

四、特殊花序

除有限花序和无限花序外，还有一些植物是两种花序混生的，例如玄参的花序，花序轴是无限的，可不断生长，但是所产生侧枝上的花则多成有限花序。

玄参：需要扒开仔细看。

总结：花序无外乎上面四种情况，单生、无限花序、有限花序、特殊花序，它是识别植物品种的主要依据之一。

附录 V

植物叶片分类介绍

一、按叶柄上叶的数量分为单叶和复叶

1.单叶：一个叶柄上只生一个叶片的叶，叶片与叶柄间不具关节。

2.复叶：一个总叶柄上生有两个以上小叶的叶，而且叶轴顶端不具芽，小叶基部不具腋芽。

其中复叶可以分为：

单身复叶：外形似单叶，但小叶与叶柄间具关节。二出复叶：总叶柄上仅具两个小叶，又叫两小叶复叶。三出复叶：总叶柄上具三个小叶。羽状三出复叶：顶生小叶着生在总叶轴的顶端，其小叶柄较二个侧生小叶的小叶柄为长。掌状三出复叶：三个小叶都着生在总叶柄顶端的一点上，小叶柄近等长。羽状复叶：指多个小叶排列于总叶轴两侧呈羽毛状。奇数羽状复叶：羽状复叶总叶轴顶端着生一枚小叶，小叶数目为单数。偶数羽状复叶：羽状复叶总叶轴顶端着生二枚小叶，小叶数目为偶数。二回羽状复叶：总叶柄的两侧有羽状排列的一回羽状复叶，总叶柄的末次分枝连同其上的小叶叫羽片，羽片的轴叫羽片轴或小羽片轴。三回羽状复叶：总叶柄的两侧有羽状排列的二回羽状复叶。

二、按叶在茎上的着生方式（叶序）分

1.互生叶：每一节着生一叶，节间有距离，如杨属各种。

2.对生叶：每节相对两面各生一叶，如丁香属各种。

3.轮生叶：每节上着生3片或3片以上的叶轮状，如杜松、夹竹桃等。

4.螺旋状着生叶：每节着生一叶，成螺旋状排列，节间距较短，如云杉、冷杉。

5.簇生叶：多数叶子簇生于短枝上，如银杏、落叶松、雪松等短枝上的叶。

6.束生叶：指2个叶以上的叶，基部束生在一起，上部是分离的，如松属植物各种常2~5针一束。

三、按叶的形状分

1.鳞形：叶片细小成鳞片状，如圆柏、侧柏。

2.锥形：叶较细短，自基部至顶端渐变细尖，又叫钻形叶。

3.刺形：叶扁平狭长，先端锐尖或渐尖，如杜松。

4.条形：叶片扁平而狭长，长约为宽的5倍以上，两侧边缘近平行，又叫线形。

5.针形：叶细长而先端尖如针状。

6.披针：叶窄长，最宽处在中部或中下部，向上渐尖，长为宽的3~4倍。

7.倒披针形：披针形的叶倒转，最宽处在中部或中部以上，向下渐狭。

8.三角形：基部宽呈平截状，向上渐尖，状如三角，如白桦。

9.心形：基部宽圆而微凹，先端渐尖，全形似心脏，如紫丁香。

10.肾形：横向较长，宽大于长，基部凹入，先端宽钝，形如肾。

11.扇形：顶端宽圆，向基部渐狭，形如折扇，如银杏。

12.菱形：呈近等边的斜方形。

13.匙形：先端宽而圆，向下渐狭，状如汤匙。

14.卵形：中部以下最宽，向上渐窄，长为宽的1.5~2.0倍。

15.倒卵形：卵形的叶倒转，最宽处在中部以上。

16.圆形：长宽近相等，状如圆盘。

17.长圆形：长方状椭圆形，但中部最宽，而向两端渐窄，长为宽的1.5~2.0倍。

18.椭圆形：长为宽的3~4倍，中部最宽，而

先端与基部均呈圆弧形。

四、按叶缘分裂的程度分

1.浅裂：边缘浅裂至距中脉1/3左右外。

2.深裂：叶片裂至1/2处中脉或距叶基不远处。

3.全裂：叶片分裂至中脉或叶柄顶端，裂片彼此完全分开很像复叶，但各裂片叶肉相互连接，没有形成小叶柄。

五、按叶缘的形状分

1.全缘：叶缘成一连续平滑的弧线，不具任何齿缺。

2.波状：叶缘凹凸呈波浪状，即成波浪状起伏。

3.浅波状：叶缘微凹凸，即波状较浅。

4.深波状：叶缘凹凸明显，即波状较深。

5.皱波状：边缘波状皱曲。

6.锯齿：边缘有尖锐的锯齿，齿尖向前.

7.细锯齿：叶缘锯齿细密。

8.重锯齿：大锯齿上复生小锯齿。

9.钝齿：叶缘锯齿呈钝头。

10.齿牙：齿尖锐，齿两边近相等，齿尖向外，又叫牙齿状。

11.小齿牙：边缘具较细小的牙齿。

六、按分裂的方式分

1.羽状分裂：在中脉两侧，裂片排列成羽状，依分裂深浅程度不同又分为羽状浅裂、羽状深裂、羽状全裂等。

2.掌状分裂：裂片排列成掌状，并具掌状脉。按分裂深浅程度不同，又可分为：掌状浅裂、掌状深裂、掌状全裂等；依裂片数目不同，可分为掌状三裂、掌状五裂等。